**WITHDRAWN**

```
SPA J 508.2 CULLIFORD
Culliford, Amy
Otono
```

020824

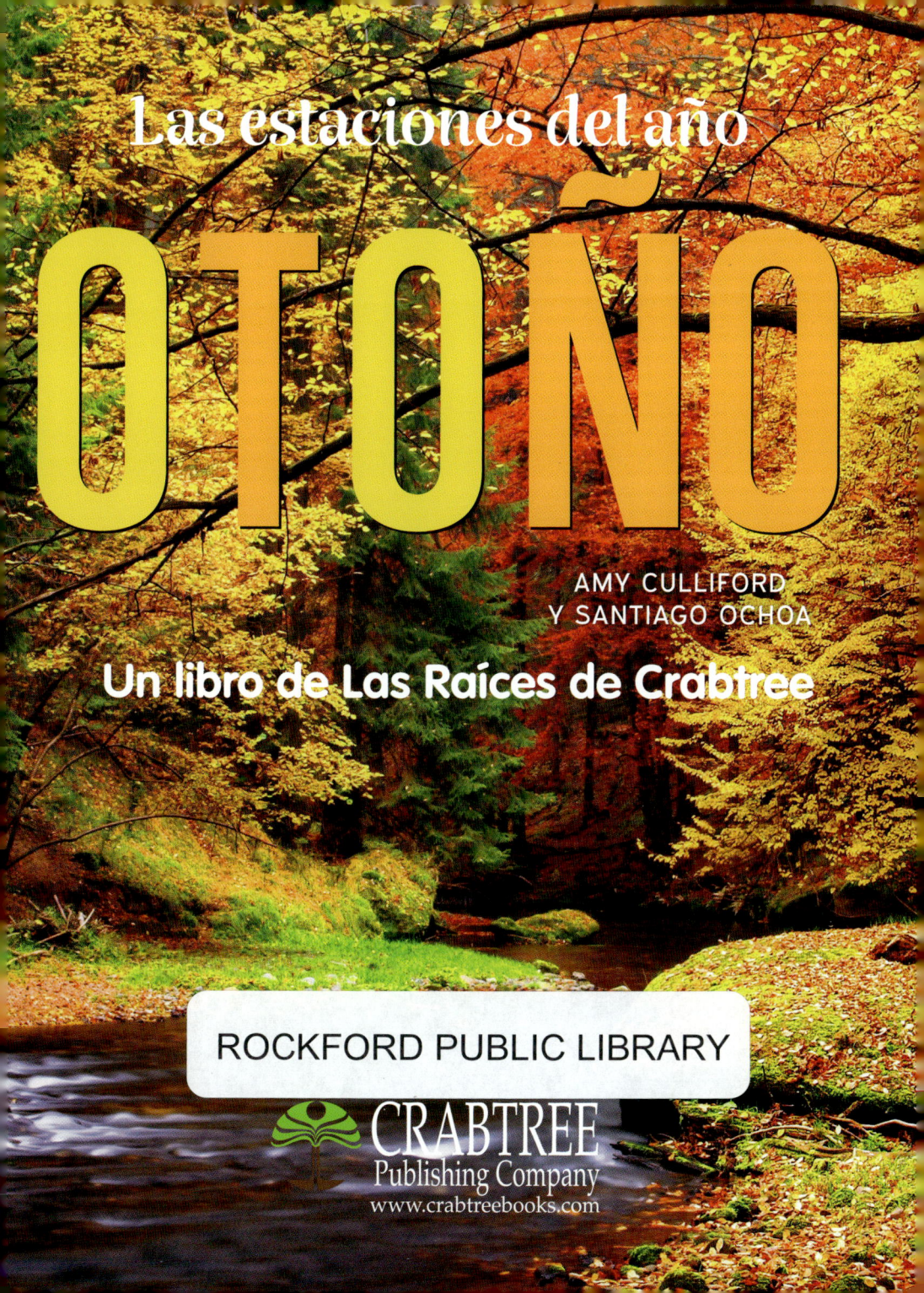
# Las estaciones del año
# OTOÑO

AMY CULLIFORD
Y SANTIAGO OCHOA

Un libro de Las Raíces de Crabtree

ROCKFORD PUBLIC LIBRARY

CRABTREE
Publishing Company
www.crabtreebooks.com

# Apoyos de la escuela a los hogares para cuidadores y maestros

Este libro ayuda a los niños a crecer al permitirles practicar la lectura. Las siguientes son algunas preguntas de guía que ayudan a los lectores a construir sus habilidades de comprensión. Las posibles respuestas están en rojo.

## Antes de leer:
- ¿De qué creo que trata este libro?
  - *Este libro trata sobre una estación llamada otoño.*
  - *Este libro trata sobre cosas que puedes ver en el otoño.*

- ¿Qué quiero aprender sobre este tema?
  - *Quiero aprender cómo es el otoño.*
  - *Quiero aprender de qué colores se vuelven las hojas en el otoño.*

## Durante la lectura:
- Me pregunto por qué...
  - *Me pregunto por qué las hojas cambian de color.*
  - *Me pregunto por qué el clima es fresco en el otoño.*

- ¿Qué he aprendido hasta ahora?
  - *He aprendido cómo es el otoño.*
  - *He aprendido que las hojas se vuelven rojas y amarillas en otoño.*

## Después de leer:
- ¿Qué detalles aprendí de este tema?
  - *He aprendido que las hojas pueden cambiar de color.*
  - *He aprendido que volvemos a la escuela en otoño.*

- Lee el libro de nuevo y busca las palabras del vocabulario.
  - *Veo la palabra **escarcha** en la página 10 y la palabra **hojas** en la página 4. Las demás palabras del vocabulario están en la página 14.*

¿Qué ves en el **otoño**?

Veo **hojas** rojas.

Veo hojas cafés.

Veo una **calabaza**.

9

Veo **escarcha**.

Veo mi **escuela**.

# Lista de palabras
## Palabras de uso común

| | | | |
|---|---|---|---|
| el | mi | una | ves |
| en | qué | veo | |

## Palabras para aprender

**calabaza** **escarcha** **escuela**

**hojas** **otoño**

# 19 palabras

¿Qué ves en el **otoño**?

Veo **hojas** rojas.

Veo hojas cafés.

Veo una **calabaza**.

Veo **escarcha**.

Veo mi **escuela**.

Written by: Amy Culliford
Designed by: Rhea Wallace
Series Development: James Earley
Proofreader: Kathy Middleton
Educational Consultant:
   Christina Lemke M.Ed.
Spanish Adaptations:
   Santiago Ochoa
Spanish Proofreader: Base Tres
Photographs:
Shutterstock: Lilkar: cover; rdonar: p. 1; Jenny Sturm: p. 3, 14; Ulrich Mueller: p. 5, 14; Dino Osmic: p. 7; Leena Robinson: p. 9, 14; Maya Kruchankova: p. 10-11, 14; James R. Martin: p. 13, 14

# Las estaciones del año

# OTOÑO

Library and Archives Canada Cataloguing in Publication
Title: Otoño / Amy Culliford ; traducción de Santiago Ochoa.
Other titles: Fall. Spanish
Names: Culliford, Amy, 1992- author. | Ochoa, Santiago, translator.
Description: Series statement: Las estaciones del año | Translation of: Fall. | "Un libro de las raíces de Crabtree". | Text in Spanish.
Identifiers: Canadiana (print) 20200407643 |
   Canadiana (ebook) 20200407678 |
   ISBN 9781427134578 (hardcover) |
   ISBN 9781427133038 (softcover) |
   ISBN 9781427133076 (HTML) |
   ISBN 9781427135445 (read-along ebook)
Subjects: LCSH: Autumn—Juvenile literature.
Classification: LCC QB637.7 .C8518 2021 | DDC j508.2—dc23

Library of Congress Cataloging-in-Publication Data
Names: Culliford, Amy, 1992- author.
Title: Otoño / Amy Culliford ; traducción de Santiago Ochoa.
Other titles: Fall. Spanish
Description: New York : Crabtree Publishing Company, [2021] | Series: Las estaciones del año - un libro de las raíces de Crabtree | Includes index.
Identifiers: LCCN 2020054492 (print) |
   LCCN 2020054493 (ebook) |
   ISBN 9781427134578 (hardcover) |
   ISBN 9781427133038 (paperback) |
   ISBN 9781427133076 (ebook) |
   9781427135445 (ePub)
Subjects: LCSH: Autumn--Juvenile literature.
Classification: LCC QB637.7 .C8518 2021 (print) | LCC QB637.7 (ebook) | DDC 508.2--dc23
LC record available at https://lccn.loc.gov/2020054492
LC ebook record available at https://lccn.loc.gov/2020054493

## Crabtree Publishing Company
www.crabtreebooks.com     1-800-387-7650

Printed in the U.S.A./022021/CG20201204

### Copyright © 2021 CRABTREE PUBLISHING COMPANY

All rights reserved. No part of this publication may be reproduced, stored in a retrieval system or be transmitted in any form or by any means, electronic, mechanical, photocopying, recording, or otherwise, without the prior written permission of Crabtree Publishing Company. In Canada: We acknowledge the financial support of the Government of Canada through the Canada Book Fund for our publishing activities.

**Published in the United States**
**Crabtree Publishing**
347 Fifth Avenue, Suite 1402-145
New York, NY, 10016

**Published in Canada**
**Crabtree Publishing**
616 Welland Ave.
St. Catharines, Ontario L2M 5V6